BEI GRIN MACHT SICH IHR WISSEN BEZAHLT

- Wir veröffentlichen Ihre Hausarbeit, Bachelor- und Masterarbeit

- Ihr eigenes eBook und Buch - weltweit in allen wichtigen Shops

- Verdienen Sie an jedem Verkauf

Jetzt bei www.GRIN.com hochladen und kostenlos publizieren

Daniel Gromotka

Klimatische Differenzierung im Westen der USA. Ursachen, Erscheinungsformen, Gunst- und Ungunstfaktoren

GRIN Verlag

Impressum:

Copyright © 2005 GRIN Verlag GmbH
Druck und Bindung: Books on Demand GmbH, Norderstedt Germany
ISBN: 978-3-656-45035-1

Heinrich-Heine-Universität Düsseldorf

Geographisches Institut

<u>Referat</u> im Rahmen des Exkursionsseminars „Physisch-geographische Merkmale des Westens der USA",
SS 2005

<u>Thema:</u> Klimatische Differenzierung - Ursachen und Erscheinungsformen, Gunst- und Ungunstfaktoren

Haupfach Geographie (M.A.)
10. Fachsemester

Inhaltsverzeichnis

Abbildungsverzeichnis

1 Einführung

Der Westen Der USA erstreckt sich von der pazifischen Küste im Westen bis zum Gebirge der Rocky Mountains im Osten. Die Nord-Süd Ausdehnung dieses Gebietes erreicht somit etwa 2.000 und die West-Ost-Ausdehnung über 1.500 Km.

Ziel dieser Arbeit ist die Beschreibung und Erklärung der klimatischen Verhältnisse dieses Teilraums der USA, unter besonderer Berücksichtigung der Gunst- und Ungunstfaktoren für die Landnutzung durch den Menschen.

Zunächst erfolgt in Kapitel 2 eine räumliche Abgrenzung des Raums sowie eine grobe Darstellung der Relief-Gliederung.

Kapitel 3 wird die Lage der westlichen USA innerhalb der planetarischen Zirkulation aufzeigen.

Im vierten Kapitel wird das Klima in den einzelnen Teilräumen des Westens der USA dargestellt.

Des weiteren wird auch auf die landwirtschaftliche Nutzung der jeweiligen Gebiete eingegangen.

Die räumliche Gliederung erfolgt dabei analog zu jener des zweiten Kapitels.

In Kapitel 5 wird zunächst das Problem der Wasserversorgung des Westens der USA vertieft. Dann erfolgt ein kurzer Überblick über Auswirkungen der Klimagunst auf den Kulturraum.

Kapitel 6 fasst schließlich die wichtigsten Ergebnisse der Arbeit zusammen.

2 Räumliche Abgrenzung des Westens der USA

Zum Westen der Vereinigten Staaten von Amerika (USA) gehören die Bundesstaaten Arizona, Colorado, Idaho, Kalifornien, Montana, Nevada, New Mexico, Oregon, Utah, Washington und Wyoming (HAHN 2002, 283 f.). Das Relief verläuft dabei von der Pazifikküste im Westen und den Rocky Mountains im Osten wie folgt: Auf die pazifischen Küstenbereiche folgen die Küstengebirge, die bis zu 1.300 m hoch reichen. (HAHN 1990, 324). Östlich davon schließt sich eine Graben- oder Senkungszone an, die südlich des Pugetsundes beginnt und in Washington und Oregon das Cowlitz- und Willamette-Tal und in Kalifornien das kalifornische Längstal bildet (BLUME 1988, 146, 151) . Im östlichen Anschluss an die Senken erheben sich die Gebirgsketten des Kaskadengebirges (Washington und Oregon) sowie der Sierra Nevada, die jeweils bis über 4.000 m Höhe reichen. Höchste Erhebungen dieser Gebirgszüge sind der Mount Rainier (südöstlich von Seattle gelegen) mit 4.392 m und der Mount Whitney (östlich von Fresno gelegen) mit 4.418 m.

(HAHN 2002, 384). Im intramontanen Bereich, zwischen der Sierra Nevada bzw. dem Kaskadengebirge im Westen und den Rocky Mountains im Osten, liegen unterschiedliche Plateaus bzw. Beckenlandschaften. Den Norden bildet das sogenannte "Inland Empire", an dem die Staaten Washington, Oregon und Idaho Anteil haben. Dort erstrecken sich in Höhen von etwa 500 bis 1.000 m die Becken der Flüsse Snake River und Columbia River. (BLUME 1988, 262; HAHN 2002, 388). Südlich daran schließt das Große Becken an. Dessen Relief wird durch eine Basin und Range Struktur gebildet. Die verschiedenen Gebirgsketten, die das 1.000 - 1.500 m hoch gelegene Becken in Nord-Süd-Richtung durchziehen, erreichen Höhen von bis zu 3.000 m. (BLUME 1988, 266 f.).

Das Colorado-Plateau weiter östlich erreicht eine mittlere Höhe von ca. 1.500 m. Diese Landschaft wird von Canyons des Colorado Flusses (Grand Canyon) sowie seiner Nebenflüsse durchschnitten. (HAHN 2002, 386).

Die folgende Abbildung zeigt eine naturräumlich-ökologische Gliederung des Westens der USA.

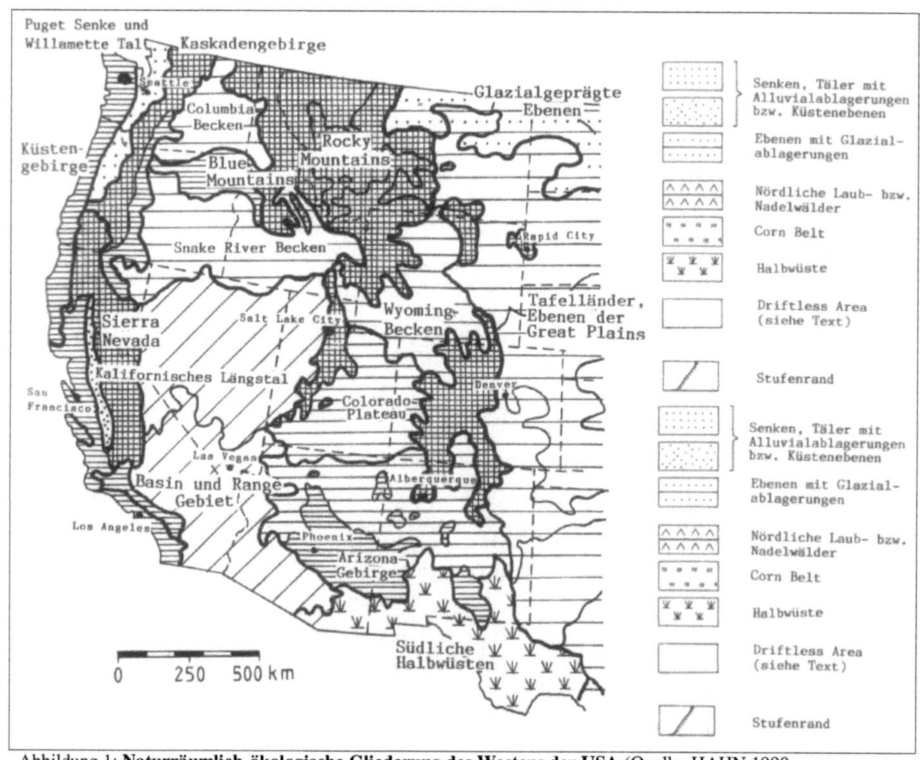

Abbildung 1: **Naturräumlich-ökologische Gliederung des Westens der USA** (Quelle: HAHN 1990, 312).

3 Die Lage des Gebiets innerhalb der planetarischen Zirkulation

Das Klima des Westens der USA wird vom Nordpazifikhoch, der Westwinddrift und dem kalten Kalifornienstrom gesteuert. Im Winter befindet sich das Pazifikhoch in südlicher Lage, so dass Zyklonen (Tiefdruckwirbel) der Westwinddrift vorherrschen. Sie erreichen, von Nordwesten kommend, die gesamte Pazifikküste und bringen Niederschläge (Winterregen), da in den Zyklonen Luftmassen unterschiedlicher Herkunftsgebiete einbezogen werden und sich an deren Grenzflächen (Fronten) durch Abkühlung und Wasserdampfkondensation Wolken bilden und abregnen. Dabei sind das Kaskadengebirge und die Sierra Nevada Gebirgsbarrieren, in deren östlichem Lee, in den intramontanen Becken, die Niederschläge geringer sind. Im Sommer liegt das Nordpazifikhoch weiter nördlich, so dass der Einfluss der Westwinddrift zurückweicht. Dieses Hoch beschert der Region ein sommertrockenes Klima, da absinkende Luftmassen für Wolkenauflösung sorgen. (LAUER 1995, 170 f.; HENDL 1997, 366). Der kalte Kalifornienstrom, der entlang der pazifischen Küste von British-Columbia (Kanada) bis Niederkalifornien (Mexiko) reicht, bedingt, dass kaltes Tiefenwasser vor der Küste aufquellen kann. Daraus resultiert eine Abkühlung der Luft und häufige Nebelbildung im Küstenbereich. Die Jahrestemperaturmaxima werden dort auch erst im Spätsommer oder frühen Herbst erreicht. (WEISCHET 1996, 20; LAUER 1995, 174).

4 Das Klima und die agrarwirtschaftliche Landnutzung in den Teilräumen des Westens der USA

4.1 Pazifikküste und Küstengebirge

Das ganze Gebiet ist von ozeanischem Klima geprägt. Die Winter sind mild und feucht und frostfrei. Die Sommer sind trockener und warm. Die Niederschläge fallen von Washington bis Nordkalifornien überwiegend, südlich davon fast ausschließlich (80 % des Jahresniederschlags; WEISCHET 1996, 49) im Winter. Die jahreszeitlichen Temperaturunterschiede sind relativ gering. (HAHN 2002, 378 f.). So betrug z.B. in San Francisco im Messzeitraum von 1961 bis 1990 die Monatsdurchschnittstemperatur des kältesten Monats (Januar) 9,7 °C, die des wärmsten (September) 18,1 °C (SCHRÖDER 2000, 218).
Weischet sieht zwischen dem 40. und 42. Breitengrad eine Zone rascher Abnahme der Niederschläge. Dort befindet sich sich die Grenze zwischen dem ganzjährig humiden Westwindklima im Nordteil und dem subtropischen Winterregenklima im Südteil, der im

Einflussbereich des Pazifikhochs liegt und nur noch in den Wintermonaten von den oft Niederschläge bringenden Westwinden erreicht wird. Beträgt die durchschnittliche Jahresniederschlagssumme an der Küste Oregons noch 2.000 - 2.200 mm, so geht sie in der genannten Zone rasch auf ca. 1.200 mm zurück, um dann bis Südkalifornien allmählich auf 400-600 mm abzusinken. Nördlich dieser Zone hat der Januar die meisten Regentage (19-22 Tage), südlich davon fallen die meisten Regentage auf den Februar (6-11 Tage). Im Frühjahr verlagert sich das pazifische Hoch polwärts, der Einfluss der Westwinde schwächt ab und die monatlichen Niederschlagstage sinken bspw. im südlichen Oregon auf etwa 12 im April. (WEISCHET 1996, 28 ff. und 118).

Im Sommer kommt das gesamte Gebiet der Pazifikküste in den Einflussbereich des Pazifikhochs. Im Hochdruckgebiet erfolgt ein Absinken der Luftmassen, was Wolkenauflösung und Lufttemperaturerhöhung und somit Trockenheit zur Folge hat. (HAHN 2002, 379). Die sommerlichen Durchschnittstemperaturen sind kühl bis mild: wegen des kalten Kalifornienstroms betragen sie von Washington bis Nordkalifornien relativ konstante und kühle 12 - 14 °C. Südlich davon werden mittlere Sommertemperaturen von 16 - 17 °C im Juli/August und 19 °C im September erreicht. (WEISCHET 1996, 160).

Im Küstennahen Bereich kommt es zur Ausbildung von Land-Seewind-Systemen, die insbesondere in San Francisco in den Morgenstunden zur Nebelbildung führen. (HAHN 2002, 380).

Ein Land-Seewind-System beruht auf der unterschiedlichen Erwärmung des Meeres und der Landoberfläche. Tagsüber wird das Land durch die Sonneneinstrahlung wesentlich stärker erwärmt als das Meer, da Letzteres einen Teil der Sonnenstrahlen reflektiert, Teile der Strahlung sehr tief ins Meer eindringen und sich die Wärme durch Turbulenz verteilen kann. Außerdem ist die Wärmekapazität des Wassers ca. zwei mal so groß wie der Landoberfläche. Nachts kommt es im Meer und somit auch in der darüber liegenden Luftschicht zu einer weitaus schwächeren Abkühlung als an Land. Folge dieser Erscheinungen ist, dass der Wind nachts vom Land her und tagsüber vom Meer her weht. Der auflandige Wind beginnt in den Morgenstunden und bringt kühle und feuchte Luftmassen mit, was zur Wolken- oder Nebelbildung führen kann. (LAUER 1995, 103).

Weischet zeigt, dass die kühle Seeluft nur auf einen dünnen Küstenstreifen begrenzt ist. So kommt es im südkalifornischen, direkt am Pazifik gelegenen, Santa Barbara zu mittleren sommerlichen Höchsttemperaturen von 17 - 19 °C, wohingegen in Santa Maria, welches nur einige Kilometer weiter landeinwärts liegt, die Durchschnitts-Maxima im Sommer zwischen 19 und 22 °C liegen. (WEISCHET 1996, 174).

In unmittelbarer Küstennähe kann es durch das kalte Meerwasser (Kalifornienstrom) zu Inversionswetterlagen kommen. Dabei nimmt innerhalb einer einige hundert Meter hohen Luftschicht die Lufttemperatur mit der Höhe nicht ab, sondern zu, weil die Luft über dem Meer bzw. der meeresnahen Landoberfläche abgekühlt wird. Es kommt zu einer stabilen Luftschichtung, die über den Großstädten wie eine Dunstglocke wirkt. (SCHRÖDER 2000, 218). Dort können sich dann Luftschadstoffe, die als Emissionen von Autos oder Industriefabriken entstehen, ansammeln, was zu einer über das natürliche Maß hinausgehenden Lufttrübung und Gesundheitsschäden bei Menschen führen kann. Dieses auch als "Smog" bezeichnete Phänomen ist vor allem für den Ballungsraum Los Angeles typisch und wird auch "Los Angeles Smog" genannt. (LESER 620 f.).

Folgende Abbildung zeigt die Klimadiagramme der Küstenstädte Seattle, San Francisco und Los Angeles.

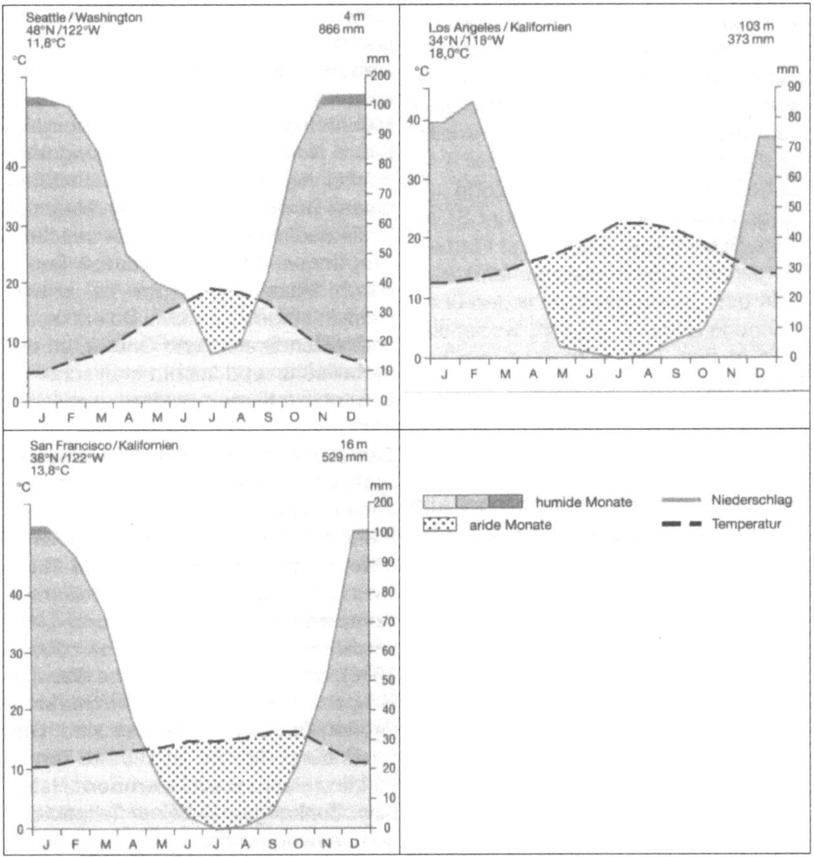

Abbildung 2: Klimadiagramme von Seattle, San Francisco und Los Angeles (Quelle: HAHN 2002, 381).

Die Küstengebiete Washingtons und Oregons werden forstwirtschaftlich genutzt, für eine lohnenswerte agrarwirtschaftliche Nutzung ist das Klima zu kühl. Oregon ist eines der Hauptstandorte der US-Holzindustrie. Gefällt werden Douglasien, Fichten und Tannen. (BLUME 1988, 154).

Nördlich von San Francisco, vor allem im Napatal, befinden sich die Hauptanbaugebiete des kalifornischen Weins. Technische Bewässerungs- und Frostschutzanlagen dienen der Absicherung gegen winterliche Frost- oder sommerliche Hitzeperioden. (KANDLER/AMBOS 1994, 609, 617).

Im Sonomatal, ebenfalls nördlich San Franciscos gelegen, wird Obst- und Beerenanbau betrieben. Südlich San Francisos, im Salinas Tal, befindet sich eines der weltweit wichtigsten Anbaugebiete für Artischocken. Außerdem wird dort Brokkoli und Blumenkohl angebaut. (WEISCHET 1996, 131).

Im trockeneren und wärmeren Süden, im Orange County zwischen Los Angeles und San Diego, können dank künstlicher Bewässerung u.a. Zitrusfrüchte und Zierpflanzen angebaut werden. BLUME 1988, 141 und HAHN 2002, 334).

4.2 Die Senkungszonen

Im Willamette- und Cowlitztal herrscht ozeanisches Klima vor: Die Zeit mit frostigen Nächten endet etwa Mitte März und somit etwa einen Monat später als die weiter westlich gelegenen Pazifikküstengebiete. Die Temperaturen steigen im Frühjahr langsam an und die Tagestemperaturamplitude ist relativ gering. In Portland betragen die mittleren Höchsttemperaturen im kältesten Monat Januar etwa 7 °C, im April 11 - 12 °C und in den heißesten Sommermonaten Juli und August 26 - 27 °C. Die Niederschläge fallen hauptsächlich im Winter, die Sommer sind trocken. Die mittleren Jahresniederschlagsmengen nehmen von Nord (1.200 mm) nach Süd (800 mm) ab. (WEISCHET 1996, 118 f.; BLUME 1988, 151; Western Regional Climate Center o.J.).

Das Willamette-Tal gilt als wichtigstes und größtes Agrargebiet des pazifischen Nordwestens. Angebaut werden Intensivlandkulturen wie Erd- und Strauchbeeren, Baumfrüchte (Äpfel, Kirschen, Pflaumen), Hopfen sowie Walnuss- und Grassamenkulturen. Die Anbauflächen sind auf künstliche Bewässerung angewiesen. (BLUME 1988, 151 ff. und WEISCHET 1996, 119).

Auch das kalifornische Längstal ist ein Winterregengebiet. Generell ist die Westseite des Tals trockener als die Ostseite, die zum Sierra Nevada Vorland gehört. (HAHN 2002, 384 f.).

Die Niederschläge nehmen von Nord nach Süd ab. So betragen die Niederschlagsmengen des feuchtesten Monats Januar in Red Bluff (nördliches Tal) 119 mm, in Sacramento (mittleres Tal) 92 mm und im südlichen Tal (Fresno) nur 43 mm. Die gesamten Frühjahrs- und Sommerniederschläge sind sehr gering. Von März bis September fallen im Nordteil des Tals (zwischen Red Bluff und Sacramento) insgesamt 118 - 164 mm, im südlichen Teil (zwischen Fresno und Bakersfield) 58 - 91 mm. Die Gründe der südwärtigen Abnahme des Niederschlags sind im wesentlichen mit den Ausführungen im Teil über die Pazifikküste identisch. Die Wintertemperaturen sind mild, selbst im Januar erreicht die monatliche Mitteltemperatur 7 - 9 °C. Der letzte Frost setzt im Durchschnitt zwischen dem 11. Februar (Bakersfield) und dem 22.Februar (Red Bluff) ein. Tief gelegene Standorte können in Nächten mit starker Ausstrahlung besonders frostgefährdet sein, da sich in ihnen die schwerere, kalte Luft ansammelt (Kaltluftsee). Im Sommer betragen die mittleren Temperaturen im kalifornischen Längstal 25 - 28 °C und sind somit, aufgrund des fehlenden Einflusses der durch den Kalifornienstrom abgekühlten auflandigen Winde, höher als in Stationen an der Pazifikküste. Die Sonneneinstrahlung liegt während des Sommers bei 90 - 95 %, der Himmel ist meist wolkenlos, so dass die Tagestemperaturamplitude bis zu 20 °C erreichen kann. Z.B. werden in Red Bluff im August tagsüber Höchstwerte von 36 °C, nächtliche Tiefstwerte von 20 °C gemessen. In Richtung der Sierra Nevada werden die klimatischen Bedingungen gemäßigter. Unterhalb des Mount Shasta, in ca. 1.000 m üNN, beträgt das mittlere Temperaturmaximum im August 29 °C und das nächtliche Minimum 20 °C, so dass auch die Tagestemperaturamplitude geringer als im zentralen Tal ist. (WEISCHET 1996, 125 ff. und 173).

Das kalifornische Längstal gilt als produktivste Agrarregion der Welt. Die sehr kapitalintensive Landwirtschaft erreicht Hektarerträge, die meist doppelt so hoch sind wie die der durchschnittlichen US-Agrarproduktion. Neben anderen Gunstfaktoren (Boden, Relief etc.) ermöglicht insbesondere das Klima die erfolgreiche Landnutzung. So ist die Vegetationsperiode im warmen Längstal durch die bereits früh aussetzenden Fröste und die starke Sonneneinstrahlung relativ lang. Im trockenen Klima breiten sich Tierkrankheiten langsamer aus als im feuchten. Allerdings ist die hohe Produktivität nur durch viel künstliche Bewässerung (im Nordteil des Tales weniger, im Südteil mehr) möglich, die auch Probleme verursacht. Neben der Bodenversalzung kam es auch durch die Entnahme des Grundwassers zu Bewässerungszwecken zu einer Absenkung des Grundwasserspiegels um bis zu 100 m. Dadurch konnte es teilweise zur Landabsenkung mit Folgen wie Schäden an der Infrastruktur (Straßen, Kanäle, Leitungen) kommen.

Im Sacramento-Tal, das den nördlichen Teil des kalifornischen Längstals einnimmt, besteht die landwirtschaftliche Nutzung aus Obstanbau sowie Milch- und Fleischproduktion (Rinder und Geflügel.).

Im mittleren Teil des Tals, dem San Joaquin Tal, werden überwiegend "specialty crops" wie Baumwolle, Tomaten, Zwiebeln und Salat angebaut. Weiter südlich, im Fresno County, spielt der

Anbau von Obst und Weintrauben eine große Rolle. Die Weintrauben werden zumeist als Tafeltrauben oder für die Weiterverarbeitung zu Rosinen verwendet, da sie durch die sommerliche Hitze viel Fruchtzucker und wenig Fruchtsäure, die den Geschmack der Trauben und somit des Weines determinieren, enthalten.

Im Bergvorland der Sierra Nevada, oberhalb möglicher Kaltluftseen, werden vor allem Zitrusfrüchte und frostempfindliche Früchte angebaut. Falls im Winter dennoch frostige Temperaturen auftreten, verwenden die Bauern zu dessen Bekämpfung Windmaschinen.

Oberhalb des Bergvorlands, in der Vorbergzone des südlichen Tals, werden frostunempfindliche Früchte wie Äpfel, Birnen, Nektarinen, Pfirsiche und Kirschen angebaut. (HAHN 2002, 334 ff.; WEISCHET 1996, 125 ff.).

4.3 Kaskadengebirge und Sierra Nevada

Sowohl das Kaskadengebirge als auch die Sierra Nevada sind orographische Klimabarrieren. Luv- (= dem Wind zugewandte Seite) und Lee- (= dem Wind abgewandte Seite) Hangklima unterscheiden sich deutlich voneinander. Allerdings ist dieser Effekt im Bereich der höheren Sierra Nevada ausgeprägter. Das Durchbruchstal des Columbia Rivers im Kaskadengebirge stellt eine klimatische Verbindung vom pazifischen Klima ins Binnenland her, so dass die regenbringenden Westwinde bis dorthin vordringen können. (BLUME 1988, 282).

Die Westseiten dieser Gebirge erhalten durch die Westwinde weitaus mehr Niederschläge als die Ostseiten, wo es zum Absinken der Luftmassen und somit zur Erwärmung und Austrocknung der Luft kommt (Föhneffekt; HAHN 2002, 380).

Diese Differenzen werden auch anhand der Vegetation ersichtlich. So sind die Westhänge des Kaskadengebirges vor allem von einem Feucht-Nadelwald (Douglasien), die Osthänge von einem Trocken-Nadelwald (Gelbkiefern) bewachsen. Auf der Westseite der Sierra Nevada kommen bis in eine Höhe von 2.200 m Kiefern und Riesenmammutbäume (Sequoien) vor. Die trockenere Ostseite dient Trocken-Nadelwäldern, wie Gelbkiefern und zum Großen Becken hin auch Kleinsträuchern als Lebensraum. (BLUME 1988, 282 ff.).

Im Kaskadengebirge nehmen die Niederschläge von Nord (um 2.500 mm pro Jahr) nach Süd (1.300 bis 2.000 mm pro Jahr) ab. Die Sierra Nevada dient durch die Akkumulation einer dicken, winterlichen Schneedecke als Wasserspeicher Kaliforniens. Im Norden des Gebirges werden Ende März Schneemächtigkeiten von fast 230 cm (entspricht einem Wasservorrat von 760 kg/m²) gemessen. (WEISCHET 1996, 74 und 119).

4.4 Die intramontanen Plateaus

Die Gebiete, die sich zwischen dem Kaskadengebirge bzw. der Sierra Nevada im Westen und den Rocky Mountains im Osten befinden, zeichnen sich generell durch ein trockenes Klima aus. Die Sommer sind heiss, die Winter kühl bis kalt. (HAHN 2002, 386 f.). Ähnlich wie die Küstengebiete fällt, aufgrund des (abgeschwächten) Wind und Regen bringenden Westwindes, im nördlichen Teil dieses Gebietes (bis einschließlich Nevada, Utah, West-Colorado) im Winter mehr Niederschlag als im Sommer.

Im südlichen Teil (Arizona und New Mexico) liefern konvektive Sommerregen den größeren Teil des Niederschlags. (WEISCHET 1996, 29 f., 47). Die Feuchtigkeit empfängt diese Region von feuchtwarmer Tropikluft, die aus großer Höhe vom Golf von Mexiko zuströmt (HAHN 2002, 380). Phoenix, als Beispiel für eine Station im südlichen Teil des Plateaus, erhält bspw. den höchsten Monatsniederschlag mit 28 mm im August. Die trockensten Monate dort sind Mai und Juni (3 und 2 mm), im Winter fallen jeweils um 20 mm Niederschlag. (WEISCHET 1996, 143).

Bei konvektiven Niederschlägen steigt erwärmte, bodennahe Luft auf, wodurch sie abkühlt. Da die Luft mit abnehmender Temperatur immer geringere Mengen Wasserdampf aufnehmen kann, kommt es ab einer bestimmten Höhe zur Feuchtigkeitssättigung der Luft, so dass sich durch Kondensationsvorgänge Wolken bilden können. Derartige Wolkenbildungen sind räumlich begrenzt. Die Niederschläge setzen plötzlich ein, sind oftmals intensiv aber auch nach kurzer Zeit wieder vorüber. (WEISCHET 1995, 176 ff. und 208).

Orte in höheren Lagen oder im Gebirgsvorland empfangen mehr Niederschläge, im Winter auch in Form von Schnee, als tiefer gelegene Orte. Für die Gebirgshöhen von Utah, Wyoming und Colorado gibt Weischet jährliche Niederschlagswerte von 600 - 800 mm an. In den Beckenlandschaften Nevadas und Utahs fallen durchschnittliche Jahresniederschläge von 150 - 300 mm (WEISCHET 1996, 29, 175).

Die Aridität nimmt von Nord nach Süd zu. Die geringen Niederschlagsmengen haben ihren Ursprung aufgrund der Lage dieser Großregion im Lee der pazifischen Gebirge. (BLUME 1988, 262; HAHN 2002, 386, bezeichnet diesen Effekt als "Regenschatten"). Die Leelage wird beim Vergleich der Klimamessstationen Niewport, das westlich des Kaskadengebirges in Oregon liegt und im Jahresmittel 1.700 mm Niederschläge empfängt und Klamath Falls bzw. Dayville, die am Ostabfall der Bergekette liegen und wo durchschnittlich nur um 300 mm Niederschlag pro Jahr fallen, deutlich. Die gen Süden zunehmende Trockenheit des intramontanen Großraums erschließt sich beim Vergleich der letzt genannten Stationen mit den weiter südlicher liegenden Orten Reno (Nordwest-Nevada): 180 mm und Independence (Mittelkalifornien, Ostabfall der Sierra Nevada):

130 mm Jahresniederschlag. Weischet begründet diese Trockenheitszunahme damit, dass der Einfluss der Westwindzirkulation gen Süden ab- und jener des Pazifikhochs zunimmt. (WEISCHET 1996, 29 f.).

Im Nordteil des intramontanen Gebietes (Columbia- und Snakeriver-Becken) nehmen die jährlichen Niederschläge von Westen (ca. 250 mm Niederschlag) nach Osten (ca. 500 mm Niederschlag) wegen des nachlassen Lee-Effekts des Kaskadengebirges zu (HAHN 2002, 388). In diesen Becken kann es, je nach Höhenlage, bis in den Mai zu frostigen Temperaturen kommen, obwohl die Tageshöchstwerte jene der westlich des Kaskadengebirges liegenden Stationen übersteigen können. (WEISCHET 1996, 118 ff.).

Mit dem wachsenden Einfluss der Pazifikhochs werden die Niederschläge auch im nördlichen Teilraum im Frühjahr geringer. Aufgrund der Wolkenarmut kommt es zu einer hohen Sonneneinstrahlung, das Gebiet wirkt wie eine "Heizfläche". Im Norden Nevadas bspw. beträgt der Anteil der gemessenen Sonnenscheinstunden im Vergleich zu den maximal möglichen im Winter 53 % und im Frühherbst 90 %.

Die Temperaturbedingungen sind kontinental und weisen relativ große tages- und jahreszeitliche Amplituden auf. Die Tagestemperaturamplitude kann beispielsweise in Nevada bis 20 °C betragen. (WEISCHET 1996, 138).

Die Einstrahlung tagsüber ist intensiv, die Reflexion der Erdoberfläche gering. Außerdem ist die Luft durch die hohe Lage des Plateaus aerosolarm, so dass die Strahlung nicht umfangreich gestreut oder absorbiert werden kann. Das lässt die Temperaturen tagsüber stark ansteigen. Sobald die Sonneneinstrahlung am Abend vorbei ist, erfolgt die Ausstrahlung der in der Erdoberfläche gespeicherten Wärme, so dass die Oberflächen- und, im Anschluss daran, auch die Lufttemperatur absinkt. Der Wärmeabgabe steht allerdings keine Gegenstrahlung durch Wolken oder Luftfeuchtigkeit entgegen, was die Abkühlung reduzieren könnte. (SCHRÖDER 2000, 215). Besonders hohe Strahlungsmengen empfangen die Bundesstaaten Arizona und New Mexico. Hier beträgt der Jahresdurchschnitt der Sonneneinstrahlung 80 % der maximal möglichen. In Phoenix (340 m üNN) werden schon im Juni durchschnittliche Tageshöchstwerte bis zu 39 °C und Tiefstwerte von 13 °C gemessen, so dass die Amplitude 26 °C beträgt, die Nächte demnach kühl und die Tage heiss sind. Auch in diesem Raum ergeben sich Unterschiede je nach Höhenlage der Messstation. So werden in Flagstaff (Zentralarizona, 2.100 m üNN) noch im April Tiefstwerte von weniger als 0 °C gemessen. (WEISCHET 1996, 141).

Extreme klimatische Bedingungen herrschen in den wüstenhaften Gebieten Südostkaliforniens (Colorado-Wüste, nördlich des Salton Sees; Imperial Valley, südlich des Salton Sees; Mojave Wüste) jenseits des Küstengebirges bzw. südlich der Sierra Nevada und im nördlich daran anschließenden, östlich der Sierra Nevada und in ihrem Lee gelegenen Tal des Todes. Diese Gebiete liegen teilweise unter dem Meeresspiegel (Salton See in der Colorado Wüste 72 m uNN; Tal des Todes bis 86 m uNN) und erreichen im Sommer die höchsten mittleren Temperaturen des gesamten Kontinents. Die Durchschnittstemperatur beträgt im Tal des Todes im Juli 38,6 °C und im Imperial Valley 33,4 °C. Auch im Winter sinken die Monatsmittelwerte nicht unter 11 °C, allerdings kann es bis in den März (dann aber selten) zu Frosttemperaturen kommen. (WEISCHET 1996, 136, 160). Diese Region zeichnet sich auch durch eine starke Aridität aus. Hahn gibt die durchschnittlichen Jahresniederschläge im Tal des Todes mit 59 mm an. Der große Höhenunterschied der Sierra Nevada zum Tal des Todes und damit einhergehende trocken-heiße Föhnwinde ermöglichen dieses Klima. (HAHN 2002, 380).

Aus der Mojave-Wüste wehen die Santa Ana Winde in Richtung Küste. Dabei handelt es sich um heiße Land-See-Winde. (HAHN 2002, 380).

Neben der geografischen Breite sind die Klimaunterschiede auch reliefbedingt. Kann es in 1.300 - 1.500 m hoch gelegenen Messstationen Nord-Nevadas noch bis Anfang April zu Frosttemperaturen kommen, so ist es in Las Vegas, 650 m üNN in Süd-Nevada, schon ab Mitte März unwahrscheinlich, dass die Tiefsttemperaturen überhaupt unter den Gefrierpunkt sinken.

In Salt Lake City erreichen die insgesamt geringen Jahresniederschläge ihre höchsten Werte (über 30 mm pro Monat) von Oktober bis Mai. Der April ist mit 44 mm Niederschlag der "feuchteste" Monat. Die Sommermonate liefern je kaum über 20 mm, mit einem Minimum von 15 mm im Juli.

In der Umgebung Salt Lake Citys, westlich des Wasatch-Gebirges, bestimmt auch die topografische Lage die Temperaturbedingungen. Höher gelegene Messstationen (wie Ogden, 1.305 m üNN) liegen temperaturbegünstigter als einige Meter tiefer gelegene (wie Corinne, 1.290 m üNN). In Ogden findet der letzte Frost durchschnittlich am 7. Mai, in Corinne etwa eine Woche später, am 13. Mai, statt. Weischet erklärt diesen Umstand damit, dass in tiefen Beckenlagen nach Ausstrahlungsnächten die (schwerere) Kaltluft verbleibt. (WEISCHET 1996, 138 f.).

Folgende Abbildung zeigt Klimadiagramme der Stationen Salt Lake City und Phoenix.

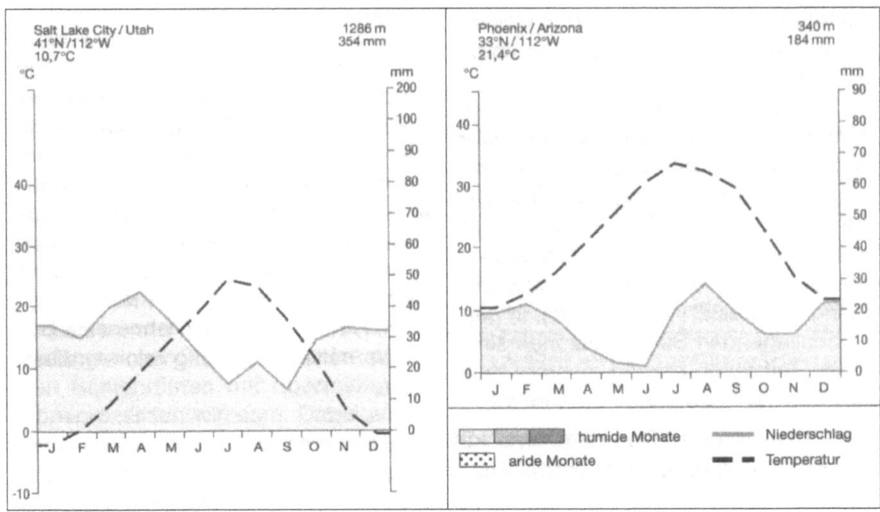

Abbildung 3: Klimadiagramme von Salt Lake City und Phoenix (Quelle: HAHN 2002, 381).

In der intramontanen Region liegt der landwirtschaftliche Schwerpunkt in den nördlichen Staaten.

In Washington befindet sich am Ostabhang des Kaskadengebirges das Yakuma Valley, wo durch künstliche Bewässerung Obstanbau (Äpfel, Birnen) betrieben werden kann. Weiter südlich, in Oregon, eignet sich der Ostabhang des Gebirges lediglich zur extensiven Weidewirtschaft.

Im Snake-River Becken in Idaho werden unter Zuhilfenahme künstlicher Bewässerung in höheren Lagen (um 1.400 m) die großen "Idaho-Kartoffeln" angebaut, in tieferen Lagen (850 - 1.150 m) erfolgt der Anbau von Weizen, Gemüse, Obst sowie Bohnen und Zuckerrüben.

Ebenfalls gefördert durch künstliche Bewässerung wird das Columbiabecken zum Anbau von Gemüse, Zuckerrüben und Erbsen genutzt. Im Dry-farming Verfahren wird Weizen angebaut und weniger fruchtbare Areale stehen der Weidewirtschaft (Mast- und Milchvieh) zur Verfügung.

Die südlichen Staaten eignen sich wegen ihres trockenen und heißen Klimas nur sehr eingeschränkt für landwirtschaftliche Zwecke. So werden lediglich 1 % der Fläche Nevadas, 4 % der Fläche Utahs und 7 % der Fläche Arizonas agrarwirtschaftlich genutzt. Das Hauptanbaugebiet Utahs liegt im Vorland des Wasatch Gebirges ("Wasatch Oase") im Umland Salt Lake Citys. Dort werden in Terrassenlage (oberhalb möglicher Kaltluftseen) Obstbäume und in tieferen Lagen Rüben, Luzerne und Mais angepflanzt. Ansonsten werden einige Areale des Großen Beckens weidewirtschaftlich genutzt. Teilweise tritt durch Überweidung Bodenerosion als Problem auf. In Navajo-Gebieten wird auf kleinen Flächen Bewässerungsfeldbau betrieben und im Gebiet des Rio Grande in New Mexico befinden sich auf Bewässerungsland vor allem Baumwollpflanzungen. Eine wirtschaftliche Nische

12

deckt die Landwirtschaft im Imperial Valley ab. Dort betreiben die Landwirte auf großen Firmen und auf kapitalintensive Weise "off season production" sogenannter "truck crops". Darunter wird der maschinengerechte Anbau von relativ anspruchslosen Agrarerzeugnissen wie Salat, Karotten, Erbsen, Melonen etc. verstanden, die dank der Wärme bereits im Winter oder frühem Frühling, und somit vor der Haupterntezeit im übrigen Nordamerika, geerntet werden. Der Anbau ist nur durch künstliche Bewässerung möglich. Gelegentlicher Winterfrost ist für diese Pflanzen in der Regel unschädlich. (WEISCHET 1996, 136 ff. und BLUME 1988, 119 ff. und 269 ff.).

Folgende Abbildung zeigt synoptisch die Niederschlagsmengen und -verteilung sowie die Klimagebiete des Westens der USA.

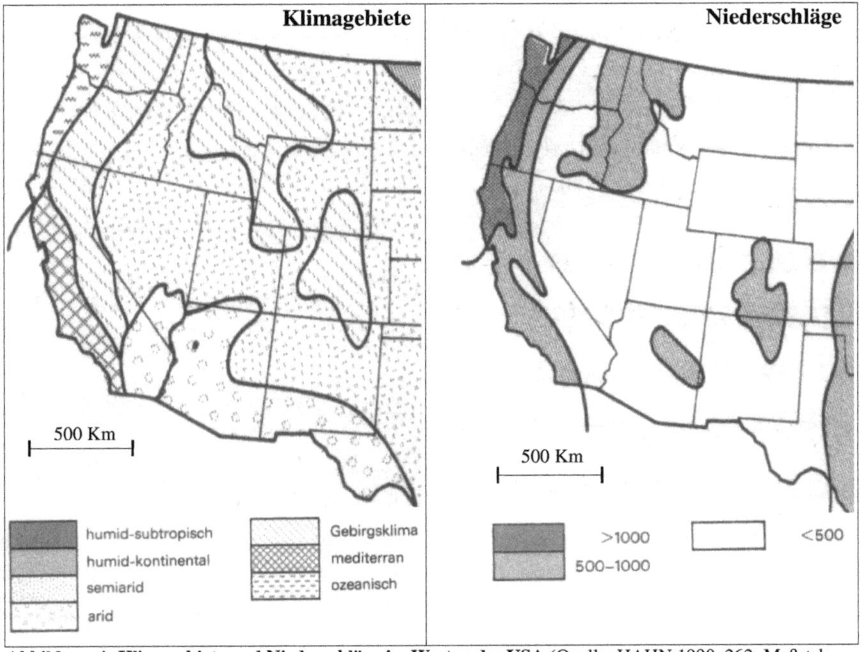

Abbildung 4: Klimagebiete und Niederschläge im Westen des USA (Quelle: HAHN 1990, 262; Maßstab_ Eigene Darstellung).

5 Weitere Gunst- und Ungunstfaktoren des Klimas des Westens der USA

Das sonnenreiche, vielerorts trockene und warme Klima des Westens ist Gunst- und Ungunstfaktor zugleich. Wie gezeigt werden konnte ist die landwirtschaftliche Nutzung, die dank der Wärme vor allem in Kalifornien Spitzenerträge einbringt, nur durch künstliche Bewässerung möglich. Insofern stellt die Trockenheit einen Ungunstfaktor dar, wodurch die Wasserversorgung zum Problem wird.

Zur Versorgung der Landwirtschaft (aber auch zur Energiegewinnung) wurden im intramontanen Plateau diverse Staudämme, wie z.B. der Grand Coulee Staudamm, der den Fluss Columbia im gleichnamigen Becken staut oder der Hoover Damm zwischen Arizona und Nevada, vor dem sich der Lake Mead aufgestaut hat, der nicht nur Las Vegas, sondern auch Los Angeles mit Wasser versorgt, gebaut. (BLUME 1988, 265; HAHN 1990, 281).

Die Großregion Los Angeles hat 15 Mio. Einwohner, kann aber aus eigener Kraft (Niederschläge, Grundwasser) lediglich 30.000 - 100.000 Menschen mit Wasser versorgen. Der Rest wird, teilweise von weit her (Hoover Damm, Colorado Fluss usw.) und unter Inkaufnahme hoher Kosten (Pumpwerke, Kanäle, Aquaedukte etc.) importiert. Die Konsequenz daraus sind hohe Wasserpreise, Verbot künstlicher Gartenbewässerung und die Förderung des Einbaus wassersparender Einrichtungen (Bad, WC etc.) in Wohnhäusern. Auch gibt es Wassernutzungskonflikte zwischen der Bevölkerung und der Landwirtschaft. (HAHN 2002, 320).

In einem jüngeren Artikel des SPIEGEL-Magazins verweist Kröger auch auf Wassernutzungskonflikte zwischen den Metropolen Las Vegas und Los Angeles um das Wasser des Lake Mead, dessen Wasserpegel seit einem Maximum vor etwa zehn Jahren bis heute durch starke Verdunstung um ca. 30 Meter gesunken ist (KRÖGER 2005).

Die Landwirtschaft des kalifornischen Längstals wird neben der Entnahme von Grundwasser vor allem durch das Schmelzwasser der Sierra Nevada, das hauptsächlich im Juni und Juli die Flüsse Sacramento und San Joaquin anschwellen lässt, ermöglicht (HAHN 2002, 335 f.). Für Weischet ist die Sierra Nevada somit "existenziell entscheidend für Kalifornien" (WEISCHET 1996, 74).

Folgende abbildung zeigt die Wassermangelgebiete der USA. Es ist erkennbar, dass lediglich die nord-westliche Pazifikküste genügend Wasser zur Verfügung hat. Insbesondere die südliche intramontane Region ist ein starkes Wassermangelgebiet.

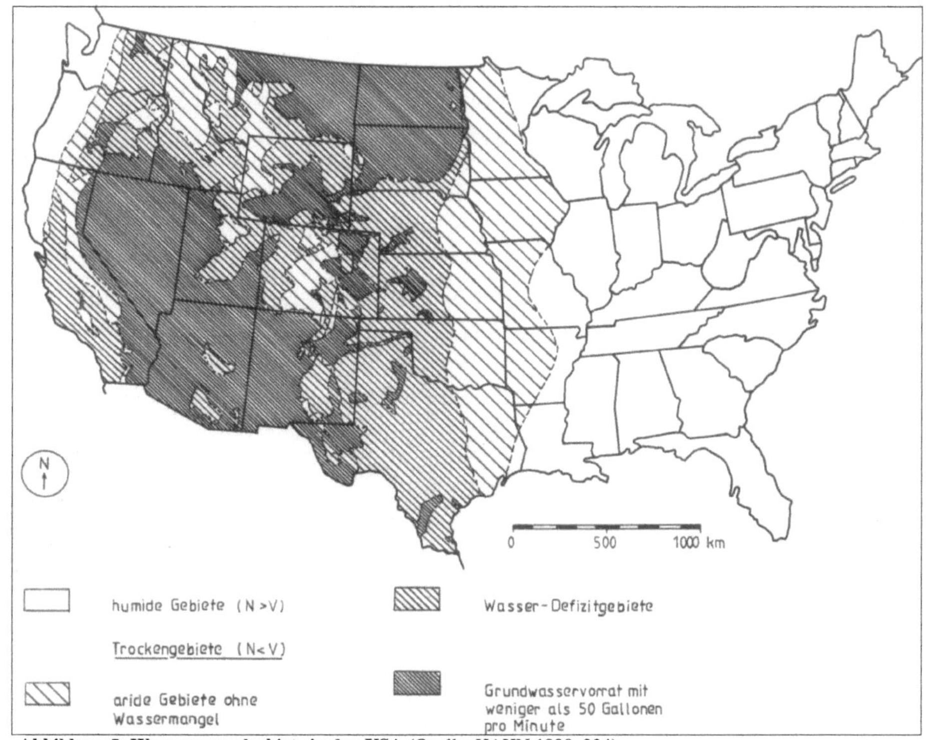

Abbildung 5: Wassermangelgebiete in den USA (Quelle: HAHN 1990, 334).

Hinsichtlich Tourismus und Migration stellt das Klima der Region einen Pull-Faktor, insbesondere für das trockene Große Becken, dar. In Kalifornien, v.a. aber in der Umgebung von Phoenix in Arizona sind Rentnerstädte, wie Sun City, entstanden, die permanent oder im Winter temporär von Rentnern aus kälteren Regionen der USA bewohnt werden. (HAHN 1990, 273; HAHN 2002, 309, 353). Daneben ist diese Region, insbesondere Arizona und New Mexico wegen des beinahe permanent optimalen Flugwetters (klare Sicht, keine Wolken etc.) Standort diverser Luftwaffenstützpunkte geworden. Auch die Filmindustrie findet in der trockenen, regenarmen Region optimale Drehbedingungen. (HAHN 1990, 275, 279).

6 Schlussbetrachtung

Der Westen der USA lässt sich vom Relief her von West nach Ost in die Teilräume Pazifikküste mit Küstengebirge, Senkungszonen, Kaskaden- und Sierra Nevada Gebirge, intramontanes Becken und Rocky Mountains gliedern.

Das Klima des Gebietes wird geprägt von der Westwinddrift, die vor allem im Winter Niederschläge bringt und im Sommer nur den nördlichen Teil beeinflusst, dem Nordpazifik-Hoch, das im Winter lediglich den Süden, im Sommer beinahe das gesamte Gebiet mit Hochdruck-wetterlagen versorgt und dem kalten Kalifornienstrom, der für kühle Temperaturen an der Pazifikküste sorgt.

Die Küstengebiete inclusive des Küstengebirges haben haben im Winter ein feuchtes und mildes Klima. Ab dem 40.-42. Breitengrad nordwärts sind die Sommer humid und gemäßigt warm, südlich davon ist es wärmer und trockener. Die küstennahen Gebiete liegen im Einflussbereich von Land-Seewind-Systemen, die vom Kalifornienstrom abgekühlte Luft an Land wehen.
IN Oregon und Washington wird Forstwirtschaft betrieben, in Kalifornien werden Wein, Gemüse und Obst angebaut.

Die Senkungszone in Oregon und Washington empfängt im Winter Niederschläge und ist im Sommer trockener, wobei die Trockenheit von Nord nach Süd zunimmt. Es werden mithilfe künstlicher Bewässerung Obst, Walnüsse und Hopfen angebaut.
Das kalifornische Längstal hat ebenfalls im Winter die meisten Niederschläge jedoch wärmere und trockenere Somme. Dabei nehmen die Niederschläge von Nord nach Süd ab und von West nach Ost zu. Im Sommer empfängt das Längstal viel Einstrahlung, was, unter Zuhilfenahme künstlicher Bewässerung, eine sehr ertragreiche Landwirtschaft ermöglicht. Im nördlichen Tal dominiert die Fleisch- und Miclwirtschaft, im mittleren Teil wird vor allem Gemüse und im Süden Trauben (Rosinen), Obst und Zitrusfrüchte.

Das Kaskadengebirge und die Sierra Nevada mindern die Westwindwirkung in östliche Richtung (intramontanes Becken) ab. Sie empfangen auf den Westhängen unter Luv-Bedingungen sehr viel und auf den Osthängen unter Lee-Bedingungen wenig Niederschläge. Außerdem werden die Niederschläge von Norden nach Süden weniger. Insbesondere die im Winter von Schnee bedeckte Sierra Nevada dient als Wasserspeicher für den kalifornischen Kulturraum.

Die Plateaus im intramontanen Becken haben heiße und trockene Sommer sowie kühle bzw. kalte Winter. Der Großteil des Raums empfängt durch die Westwinde Winterregen, lediglich im Süden (Arizona, New Mexico) überwiegen konvektive Sommerregen. Höhere Lagen empfangen mehr Niederschläge als niedrig gelegene und die Aridität nimmt insgesamt von Nord nach Süd zu. Im Inland Empire steigt die Niederschlagsmenge aufgrund nachlassender Leewirkung des Kaskadengebirges nach Osten hin. Im Sommer empfangen die Plateaus sehr viel Strahlung ("Heizfläche") und die Tagestemperaturamplituden können über 20 °C erreichen. Extreme Werte werden im Tal des Todes und südlich der Sierra Nevada gemessen.

Von Nord nach Süd nimmt die landwirtschaftliche Nutzbarkeit des Landes ab. Im Inland Empire werden mit künstlicher Bewässerung Obst, Gemüse, Weizen und Kartoffeln angebaut, außerdem wird Weidewirtschaft betrieben.

Im Großen Becken dominiert diese. Daneben betreiben Navajo-Indianer Bewässerungsfeldbau und in New Mexico gibt es Baumwollfelder. In der Wasatch-Oase in Utah können, ebenfalls gefördert durch künstliche Bewässerung, Obst, Rüben und Mais angebaut werden.

Im trockenen, aber heißen Imperial Valley können bereits im späten Winter Salat, Melonen, Karotten etc. geerntet werden.

Da beinahe der gesamte Westen der USA, insbesondere die großen Städte und das intramontane Becken, Wassermangelgebiet ist, wird die Wasserversorgung zum Problem.

Das warme, trockene Klima zieht Touristen an und ist auch ein Einwanderungsgrund, z.B. für Rentner. Daneben ist es Standortfaktor der Luftwaffe und der Filmindustrie.

Literatur

BLUME, H. (1988): USA – Eine Geographische Landeskunde II: Die Regionen der USA. Darmstadt. (2. Auflage). (=Wissenschaftliche Länderkunden Band 9).

HAHN, R. (1990): USA. Stuttgart. (=Klett Länderprofile).

HAHN, R. (2002): USA – Neue Raumentwicklungen oder eine Neue Regionale Geographie. Gotha und Stuttgart. (2. Auflage). (=Perthes Länderprofile).

HENDL, M. (1997): Allgemeine Klimageographie. In: Hendl, M./ Liedtke, H. (Hrsg.): Lehrbuch der Allgemeinen Physischen Geographie. Gotha, 329-448.

KANDLER, O./ AMBOS, R. (1994): Weinbau im Napatal / Kalifornien. In: Mainzer Geographische Studien, Band 40, 609-624.

KRÖGER, M. (2005): Wassernot im Zockerparadies. In: DER SPIEGEL, Online-Ausgabe, http://www.spiegel.de/wirtschaft/0,1518,345783,00.html (17.05.05).

LAUER, W. (1995): Klimatologie. Braunschweig. (2. Auflage). (=Das Geographische Seminar).

LESER, H. (1997) (Hrsg.): Wörterbuch Allgemeine Geographie. München, Braunschweig.

SCHRÖDER, P. (2000): Die Klimate der Welt: Aktuelle Daten und Erläuterungen. Stuttgart.

WEISCHET, W. (1995): Einführung in die Allgemeine Klimatologie. Stuttgart. (Teubner Studienbücher der Geographie).

WEISCHET, W. (1996): Regionale Klimatologie. Teil 1: Die Neue Welt. Stuttgart. (=Teubner Studienbücher der Geographie)

Westen Regional Climate Center (Hrsg.) (o. J.): Portland, WSFO, Oregon (Period of Record Monthly Climate Summary. Period of Record : 11/1/1941 to 12/31/2004). ohne Ortsangabe. In: http://www.wrcc.dri.edu/cgi-bin/cliMAIN.pl?orport (17.05.05).